AF347483

PROCÉDÉS

POUR SE GARANTIR DES PUNAISES

ET POUR LES DÉTRUIRE.

MOYENS

POUR SE PRÉSERVER DES TEIGNES

ET POUR LES FAIRE PÉRIR.

Les exemplaires exigés par le décret du 5 février 1810 ont été déposés.

PROCÉDÉS

POUR SE GARANTIR DES PUNAISES
ET POUR LES DÉTRUIRE;

MOYENS

POUR SE PRÉSERVER DES TEIGNES
ET POUR LES FAIRE PÉRIR,

OPUSCULES TRADUITS DE L'ALLEMAND DE HERMBSTÆDT, HALLE, HOCHHEIMER, etc.

A LYON,

CHEZ REYMANN ET C.ie, LIBRAIRES,
PLACE LOUIS-LE-GRAND, N.º 20.

1823.

PRÉFACE DE L'AUTEUR.

UN grand nombre de personnes se plaignent de l'énorme multiplication des punaises, et peut-être ceux qui s'en plaignent pourraient, au moins pour la plupart, s'en attribuer la cause. C'est pour y remédier que l'Auteur de cet Opuscule a cru devoir recueillir ce que la lecture et l'expérience de longues années lui ont appris sur cet objet.

Celui qui a quelque connaissance en chimie ou en histoire naturelle, apercevra facilement que les moyens indiqués dans notre Ouvrage, surtout étant réitérés, produiront infailliblement la destruction des punaises, puisqu'ils contiennent des substances éminemment nuisibles aux organes délicats de ces insectes ; et tout homme instruit sera convaincu de leur efficacité, même avant d'en avoir fait l'épreuve.

Quant à ceux qui ne sont pas versés dans les connaissances dont nous parlons, ils viendront certainement à bout de se débarrasser de ces insectes si incommodes, pourvu qu'ils ne se rebutent pas après un premier et un second essai qui n'auraient pas réussi, et qu'ils persévèrent à employer avec attention et intelligence les recettes proposées.

Si vous voulez obtenir un succès prompt et assuré, préparez vous-même les ingrédiens prescrits ; une légère méprise, la moindre négligence, peut empêcher la réussite. Ne vous en rapportez pas non plus à vos domestiques pour ce qui concerne la propreté, le soin de nettoyer les meubles et les appartemens infectés, et l'application des préservatifs. L'œil du

maître doit être ouvert surtout et partout.

Il serait superflu de remarquer, qu'en
parlant des appartemens, nous n'enten-
dons pas seulement les salons et les
chambres des riches, mais aussi les ca-
banes des villageois, et les humbles réduits des pauvres, et tout autre lieu où
se logent les punaises.

Nous recommandons expressément de
ne pas négliger les précautions à prendre
contre le feu ou les vapeurs suffocantes,
dans l'emploi de quelques-uns des remèdes
indiqués pour la destruction de nos ennemies, et principalement quand on s'en servira à la campagne.

L'Auteur prie tous ceux qui découvri-
raient quelques moyens immanquables pour
la destruction des punaises, et dont il ne
serait pas fait mention dans cet écrit, de
vouloir bien les lui communiquer, en les

adressant à MM. REYMANN ET C.ie, Libraires, *place Louis-le-Grand*, N.º 20, *à Lyon.*

AVIS DU TRADUCTEUR.

En lisant dans la Gazette Universelle d'Augsbourg et dans celle de Stutgardt (Neckar-Zeitung), les éloges que les rédacteurs faisaient d'une brochure sur l'entière destruction des punaises, j'ai eu l'idée de me la procurer, et après en avoir fait attentivement la lecture, j'ai jugé qu'une traduction de ce petit ouvrage serait utile et bien reçue en France, où ces insectes aussi dégoûtans qu'incommodes, sont si prodigieusement multipliés.

La juste célébrité dont jouissent en Allemagne les auteurs de cette brochure, MM. Hermbstædt, Halle, Hochheimer et Andren, m'a encouragé à en faire part aux Français, avec quelques changemens et additions.

Je serai satisfait, si dans ce pays que j'ai adopté pour y établir ma demeure, je puis contribuer à exterminer ces hôtes si insupportables et si redoutés, qu'on n'y pense et qu'on ne les nomme qu'avec horreur.

Le supplément qui traite de la destruction des teignes, ne sera ni moins utile, ni moins intéressant. On sera bien aise de trouver dans la même brochure, les moyens de se délivrer de ces deux sortes d'insectes, dont l'un est très-fatigant, et l'autre très-nuisible aux vêtemens de laine, et aux pelleteries auxquelles on attache souvent un très-grand prix.

(*Experientiâ docti.*)

PROCÉDÉS

POUR SE GARANTIR DES PUNAISES

ET POUR LES DÉTRUIRE.

La punaise (1), cet insecte indigène qui incommode si fort l'espèce humaine, avait originairement sa demeure dans les forêts, sous les écorces et dans les fentes des arbres, craignant l'air, le froid et la lumière. Elle s'est introduite peu à peu dans les palais des riches, comme dans les humbles réduits des pauvres, et s'y est multipliée d'une manière inconcevable.

---

(1) En latin *cimex*, en grec Κόρις, en italien *cimice*, en allemand *Wanze*. Il paraît que cet insecte n'était pas inconnu aux Romains. Pline le naturaliste, qui florissait sous l'empereur Vespasien, l'an 75 de l'ère chrétienne, en fait mention dans son Histoire naturelle, liv. 27, ch. 9 : *Folia cimicem necant*, les feuilles de châtaignier sauvage tuent la punaise. Liv. 29, ch 4 : *Veluti cimicum animalis fœdissimi, et dictu quoque fastidiendi natura etc.*, les punaises sont des animaux qui portent une odeur insupportable, et qu'on ne peut nommer sans horreur. Martial, liv. 11 : *Nec toga, nec focus est, nec tutus cimice lectus*, on ne trouve ni vêtement, ni foyer, ni couche exempts de cet insecte dégoûtant.

Elle n'a pas absolument besoin pour sa nourriture, du sang des hommes, ou des animaux, mais elle le préfère au suc des plantes ; comme aussi la chaleur des chambres et des lits lui convient mieux que celle qu'elle trouverait sous les écorces des arbres.

La punaise pond quatre fois par an, c'est-à-dire dans les mois de mars, mai, juillet et septembre. Elle dépose ordinairement ses œufs dans les jointures des boiseries, dans les fentes et les trous de murailles, toujours dans les endroits chauds, obscurs et cachés. Chaque ponte est de cinquante œufs environ, dont un cinquième est stérile. Une seule mère en produit donc à peu près cent soixante par an ; et comme les jeunes sont fécondes dès la première année, l'on ne doit pas s'étonner de les voir se multiplier dans les maisons, d'une manière si prodigieuse.

Pour parvenir à se délivrer de cette multitude d'insectes ennemies de notre repos, il faut premièrement chercher à empêcher la reproduction, et si elles ont déjà pondu leurs œufs, il est de la dernière importance de détruire absolument leur couvain ; autrement on n'en serait débarrassé que pour peu de temps.

Afin d'obtenir ce double résultat, observez scrupuleusement ce que nous allons indiquer ; les remèdes que nous donnons sont tous fondés sur une longue expérience ; néanmoins, il ne faut pas s'attendre à ce que chaque remède, lors même qu'on l'emploirait avec toute l'exactitude possible, soit toujours suffisant, et qu'il opère de suite ; le succès dépend souvent de circonstances inexplicables, et quelquefois tel moyen qui a réussi dans une maison, reste sans effet dans une autre. C'est pourquoi il ne faut rejeter aucun des moyens indiqués, et si le premier essai ne réussit pas, il est utile et même nécessaire de recourir à un autre procédé, jusqu'à ce que l'on se soit assuré de l'entière destruction des punaises. Il arrive souvent qu'on les croit exterminées, et ce n'est qu'en apparence et pour un temps ; leur prompte et facile régénération les fait bientôt reparaître.

L'auteur de ces observations connaît d'autres moyens pour détruire ces insectes ; il aurait pu désigner le mercure et l'arsenic qui opèrent très-promptement, mais qui expose à des dangers très-graves, c'est pourquoi il ne conseille pas de s'en servir. Quant à ceux qui portent à la tête, qui causent des étourdissemens, ou qui suffoquent, l'auteur recommande de les employer avec beaucoup de prudence et de circonspection.

I.

Moyens d'empêcher les Punaises de s'établir dans une maison et d'y déposer leurs œufs.

1.º Celui qui fait construire une maison, ou qui la fait réparer, après avoir bien raclé les murs, doit observer ce qui suit : faire dissoudre dans l'eau avec la chaux, une suffisante quantité de sel, et l'on enduit de cette mixtion deux ou trois fois les murs intérieurs de la maison.

2. Le mélange de l'huile d'olive avec la chaux, dont on blanchit les murs, éloigne les punaises ; elles ne peuvent souffrir cette odeur. On les empêchera de se nicher dans les bois de lits et autres meubles, si l'on frotte exactement avec de l'huile d'olive les bois qui ne craignent pas cet enduit.

3. On peut aussi se servir des feuilles d'hièble (petit sureau), d'absinthe , et de châtaignier sauvage (marronnier d'Inde) réduites en poudre , et mêlées avec de la chaux pour blanchir les murs. Quand on les fait recrépir ou *ravaler*, on mêle cette poudre avec la terre glaise dont on se sert pour boucher exactement les fentes et trous des murailles. En faisant ou en réparant les planchers , on pourrait mettre entre les couches de planches , des feuilles entières des trois plantes que nous venons de nommer.

4. Faites bouillir quantité suffisante de coloquinte et d'absinthe , et mêlez cette décoction avec la chaux pour blanchir les murs.

5. Employez , si vous voulez , l'écorce des marrons d'Inde qui sont très-amers, ou l'écorce de l'arbre qui les porte et à laquelle on attribue la propriété du quinquina , et l'ayant fait bouillir et mêlée avec la chaux , vous en enduirez les murailles et les bois de lits infectés ; les punaises fuiront , et leur couvain sera détruit.

6. Quand on achète des meubles neufs,

il faut les choisir en bois dur. Préférez surtout pour les lits et couchettes, le bois d'aune, les punaises n'en approchent pas. Elles se nichent dans les bois tendres, tels que le pinastre et le sapin, parce qu'ils ne sont jamais bien polis, et offrent toujours de petites fentes dans lesquelles la punaise dépose ses œufs. Les meilleurs lits sont ceux de fer, ou ceux qui n'ont pas d'emboîture, et dont les montans et les traverses sont attachés avec des liens de fer. Un Anglais a inventé de faire joindre les lits avec du laiton, l'auteur ignore si cette méthode a trouvé des partisans hors de la Grande-Bretagne.

II.

Moyens pour détruire les Punaises et extirper leur couvain dans les appartemens, dans les lits et autres meubles.

Il n'est pas impossible, ni même trop difficile de chasser et de détruire les punaises, mais pour découvrir leurs nids et extirper entièrement leur couvain, il faut de la patience, et une attention soutenue avec persévérance. Le premier soin des maîtres de maisons doit être une extrême propreté, sans cela, les préservatifs seraient à peu près inutiles.

Les punaises et leur couvain se tiennent non-seulement dans les lits, mais aussi dans les chaises, dans les placards, armoires et autres meubles. Elles se cachent en grande partie dans les fentes et dans les trous de murs, derrière les tapisseries, dans la vieille boiserie, et même sous les plafonds, etc. Il faut donc prendre ses précautions au commencement du printemps; souvent dès le mois de mars les œufs sont éclos. Avant d'employer les remèdes ci-après, il faut changer le linge du lit, le faire lessiver, faire passer au chaud les objets en laine; ôter la paille des paillasses et la brûler; démonter les bois de lits, les échauder avec de l'eau bouillante de savon; nettoyer soigneusement toutes les fentes et les jointures du bois, où les femelles ont coutume de déposer leurs œufs.

Il serait aussi très-à-propos de faire brosser les tables, les chaises, fauteuils, armoires, en un mot, tous les meubles qui se trouvent dans les appartemens , afin de détruire partout ces insectes , qui reparaîtraient bientôt en nombre prodigieux , si l'on n'empêchait leur étonnante multiplication , en extirpant totalement le couvain.

Il faut ouvrir les portes et fenêtres, et laisser pendant quelques jours, s'il est possible, un courant d'air continuel, ce que les punaises ne peuvent souffrir. Si cela se pouvait pratiquer sans une trop grande difficulté , il serait à désirer qu'on enlevât les anciennes boiseries et tapisseries, derrière lesquelles les jeunes et les vieilles punaises se tiennent pendant l'hiver ; au moins faut-il nettoyer avec le plus grand soin les fentes des planches, et boucher tous les trous des murailles. Toutes ces précautions prises, on pourra employer avec assurance les remèdes suivans.

REMÈDES QUI OPÈRENT SUR L'ODORAT.

Les punaises ont l'odorat extrêmement fin, ce qui est démontré par mille expériences. Elles peuvent être attirées par une odeur qui leur plaît, alors on peut les trouver et les détruire.

1.º On cite pour cela de préférence les verges d'osier pelées ; c'est une espèce d'arbrisseau qui ressemble au saule, et dont les tonneliers se servent pour lier les cercles ; on fera avec ces verges des nattes de la longueur et de la largeur du lit (c'est ce que l'on appelle en France , *claies*, ou vulgairement *bardanières*). Les paysans appellent les punaises *bardanes*. On placera ces nattes à la tête du lit, entre le bois et la paillasse. Les punaises qui aiment l'odeur de ces verges, s'y porteront bientôt les unes après les autres, parce qu'elles sont accoutumées à se réunir. On battra fortement ces nattes chaque matin, et l'on écrasera les insectes qui en sortiront. Il faut continuer ce procédé, tant que les punaises se montreront ; car, jusqu'à la dernière, elles sortiront de leur réduit, et s'attacheront aux nattes. En peu de temps, la maison la plus infectée sera entièrement délivrée , pourvu qu'on ait soin de tenir extrêmement propres tous les appartemens et les meubles. Ce moyen est simple et naturel ; il est aisé d'apercevoir qu'en secouant journellement les claies d'osier dans lesquelles les punaises se retirent, la génération est trou-

blée et interrompue, le nombre de ces insectes doit diminuer progressivement, et
bientôt leur destruction est complète. Ce
remède a été découvert, comme presque
tous les autres, par hasard; le résultat en
a été très-heureux dans une habitation hor-
riblement infectée de punaises, non-seulement dans les lits, mais encore dans les
meubles, les tapisseries, les boiseries, etc.
et où aucun autre moyen n'avait réussi,
pas même l'huile de vitriol. Il faut néanmoins avouer que ce moyen n'opère pas
toujours l'effet qu'on s'en promet, parce
que les claies d'osier étant devenues sèches
et vieilles, n'exhalent plus cette odeur qui
attire les punaises; il faudrait donc les re-
nouveler plusieurs fois, et les faire fabri-
quer dans la saison où l'osier est en sève.
D'ailleurs, on n'a rien fait, si le couvain
n'est pas détruit. Le remède que nous venons d'indiquer attire les punaises et
donne le moyen de les tuer; ceux que nous
allons donner les tuent ou les font fuir.

2. L'odeur de la poix et du goudron
chasse les punaises, mais on ne peut guère
employer ce moyen dans les appartemens,
parce que cette odeur est insupportable à

beaucoup de personnes ; on ne s'en servira donc que dans les greniers et autres lieux où l'on peut le mettre en pratique.

3. Toutes les huiles, particulièrement l'huile d'olive, *lors même qu'elles sont vieilles et rances*, éloignent les punaises et les tuent.

4. Si l'on met dans les lits des branches de bois d'aune fraîchement pelées, ou si l'on parfume les chambres et les dortoirs avec des feuilles de cet arbre, les punaises disparaîtront bientôt.

5. Les branches et les feuilles du petit sureau, vulgairement appelé hièble (*sambucus ebulus*), et du sureau rouge (queue de cerf), placées dans les lits, entre les draps et les matelas, endorment et tuent les punaises.

Nota. Il ne faut pas laisser ces feuilles pendant la nuit, dans le lit, ni dans la chambre à coucher, l'odeur en est narcotique, et cause des étourdissemens.

6. Frottez les bois de lits et les meubles avec de l'huile d'anis ou de fenouil, les punaises s'éloigneront de suite. Cette odeur n'est point malfaisante.

7. Chaque fois que l'on change la paille

des lits, la mêler avec des tiges fraîches et entières de chanvre mâle.

Il suffirait, pour délivrer entièrement une maison des punaises, d'y répandre quantité de ces tiges fraîches de chanvre; l'odeur de cette plante est si forte qu'elle tue ces insectes et détruit leur couvain. Mais il faut bien se garder de coucher et de dormir dans un appartement où le chanvre serait ainsi étendu : on serait bientôt indisposé grièvement par cette odeur.

8. Couper quelques harengs secs ou saurs en petits morceaux, et les parsemer dans la paillasse des lits; les punaises n'en supportent pas l'odeur.

9. Les tiges fraîches avec les racines de roseau (*acorus calamus*), de la hauteur d'un pied et demi, mises dans le lit, chassent les punaises. Si l'on mettait ces tiges dans les paillasses en guise de paille, l'on serait délivré pour plusieurs années des punaises.

10. Les fleurs de lavande parsemées dans la chambre et dans le lit, et mêlées avec la paille, répandent une odeur qui déplaît infiniment aux ennemies de notre repos.

11. L'herbe fraîche des carotes jaunes

ou pastenades, mise dans la paillasse, enfoncée dans les jointures et attachée au bois des lits, fait fuir les punaises.

12. Une couverture bien imbibée de la sueur d'un cheval, mise dans un lit, le débarrasserait de tous les insectes qui s'y trouveraient.

13. Pour chasser ces bêtes incommodes d'une volière de pigeons, ou d'un poulailler, il faut les nettoyer soigneusement au mois de février, et avant le commencement de l'hiver, et y mettre romarin, lavande, melisse, hysope, menthe, et autres plantes aromatiques d'odeur forte et pénétrante.

14. Si l'on met dans les paillasses, contre les murs, et les bois de lits, des branches de prunier sauvage (vulgairement pelossier), ou de merisier avec les fleurs, les punaises déguerpiront.

15. Il en sera de même, si vous attachez au bois de lit des lambeaux de toile trempée dans l'esprit de camphre.

16. Jetez sur la braise des limaces rougeâtres et plattes à raies jaunes ; laissez les portes et les fenêtres fermées pendant 48 heures, la vapeur délivrera toute la maison des punaises.

17. Brûlez dès le matin, sur un réchaud ardent, des branches de sureau frais avec les feuilles ; tenez la chambre fermée jusqu'au soir, les punaises seront chassées et détruites.

18. Fermez hermétiquement les portes et les fenêtres d'une chambre, en collant des bandes de papier, pour intercepter le passage à l'air ; placez au milieu de l'appartement un réchaud plein de charbons ardens, sur lesquels vous jeterez une demi-once de galbanum, et autant d'assa-fœtida ; laissez la chambre parfaitement close pendant 24 heures, les punaises qui s'y trouvent seront étouffées et sécheront en peu de temps.

Nota. Il ne faudra habiter cet appartement que 24 heures après l'effet du remède, et après avoir laissé toutes les portes et les fenêtres ouvertes.

19. Si vous jetez sur des charbons ardens quelques onces de soufre, vous obtiendrez le même résultat ; et comme la vapeur du soufre est méphytique, il faut user des précautions indiquées ci-dessus, et ne pas coucher dans une chambre où l'on a fait brûler du soufre, ni même dans le voisinage, avant que l'odeur n'ait été entièrement dissipée.

20. Après avoir exactement bouché les portes et les châssis des fenêtres des appartemens d'où l'on veut chasser les punaises, on mettra dans un verre solide ou dans un vase de porcelaine, sur deux parties de gros sel, une partie de manganèse (minéral ferrugineux). Le vase doit être cinq fois plus grand que ce mélange ; l'on versera deux fois autant d'eau que le poids des deux drogues, et l'on remuera bien ce mélange : après quoi, on fera tomber goutte à goutte de l'huile de vitriol sur le mélange ; observant que le poids de cette huile doit être la moitié de celui des deux ingrédiens sus-nommés. On laissera ce mélange s'exhaler pendant six heures, portes et fenêtres bien fermées. Pour pouvoir rentrer dans la chambre le lendemain, on ouvrira les croisées, autrement l'odeur incommoderait ; alors on mettra le mélange sur un feu modéré, on se retirera après avoir bien fermé de nouveau ; au bout de quelques heures l'évaporation sera achevée et l'opération terminée.

Voici les précautions à prendre pendant cette opération qui doit infailliblement tuer tous les insectes qui se trouveront dans les appartemens : 1.º Il ne faut pas verser l'huile de vitriol, mais seulement la faire distiller goutte à goutte bien lentement, autrement elle s'enflammerait. Si cela arrivait avant qu'ont eût fait tomber dans le vase la quantité prescrite, on suspendrait l'opération, et on la reprendrait quelques heures après : mais en se retirant, il faut toujours fermer exactement la porte. 2.º Il est prudent de garantir de cette fumigation les yeux, la bouche et le nez en se détournant de dessus le vase, et en tenant un mouchoir devant sa bouche, de peur que la vapeur ne s'insinue dans les poumons, ce qui exciterait la toux. Cette fumigation n'a cependant rien de bien nuisible en elle-même; elle fut recommandée par les médecins et par les autorités civiles en 1813 et 1814, contre les fièvres nerveuses épidémiques, et l'on en fait encore usage aujourd'hui dans les Hôpitaux. 3.º Il faut ôter des appartemens où l'on veut employer ce procédé, les métaux, les plantes, les habits et les peintures, parce que la vapeur de l'huile de vitriol attaque les métaux et les peintures et ronge toutes les couleurs; et comme elle est extrêmement volatile, elle ferait sentir ses effets jusque dans les chambres voisines, comme fait l'odeur qui s'exhale de la gadoue quand on vide les latrines.

Voici encore quelques moyens de chasser les punaises et d'anéantir leurs œufs:

21. Prenez trois onces fiel de bœuf;

> Demi-once pétrole;
> Chopine de fort vinaigre;
> Demi-chopine de lessive forte
> de savon.

Mêlez tout cela ensemble dans un pot; servez-vous d'un pinceau pour imbiber de cette liqueur tous les endroits où vous apercevrez des punaises; dans quatre jours elles seront détruites avec leur couvain.

22. Le traducteur de cet ouvrage s'est entièrement débarrassé des punaises qui se trouvaient dans ses appartemens, en frottant soigneusement tous les endroits infectés, avec des blancs d'œufs dans lesquels on avait broyé du mercure.

23. Faites dissoudre du savon gras dans de l'eau chaude, prenez du vert-de-gris distillé et du tabac en poudre que vous mêlerez avec cette eau de savon. Vous insinuerez de cette eau dans les trous, join-

tures et gerçures des bois de lits et autres meubles. Si quelques punaises s'étaient échappées ou cachées, dès qu'elles toucheront à ce mélange, elles périront infailliblement.

Il sera bon de réitérer cette opération tous les trois mois, jusqu'à l'extinction totale de cette maudite engeance.

24. Lorsqu'on a à réparer une maison, on ferait bien de fuser la chaux vive dans les appartemens où les punaises se sont établies, la fumée de la chaux les ferait périr, pourvu qu'on ait soin de fermer portes et fenêtres. Mais il faut auparavant ôter les rideaux, les vêtemens et les tapisseries; et personne ne doit coucher dans ces chambres tant que l'odeur de la chaux ne serait pas évaporée parfaitement.

25. Frottez les bois de lit, particulièrement les emboîtures avec le blanc de baleine, ce remède est éprouvé. C'est pourquoi l'on conseille aux voyageurs exposés à trouver des lits empunaisés, de se pourvoir d'une petite boîte de blanc de baleine préparé; avant de se mettre au lit, ils se frotteront légèrement le cou, les bras, les jambes et le nombril; avec cette prépara-

tion ils se garantiront de la piqûre de ces insectes malfaisans.

26. Si vous mettez à plusieurs reprises du marc de bière sur les bois de lits, et que vous l'y laissiez sécher, les punaises disparaîtront et ne reviendront pas.

27. Dans le temps que les œufs des punaises commencent à éclore (à la fin de mars et au commencement d'avril), prenez une chopine d'esprit de vin bien rectifié, mettez-y le feu, et le laissez brûler jusqu'à la dernière goutte. Versez dans le même vase une demi-chopine d'huile ou d'esprit de térébenthine, mettez-y une once et demie de camphre en poudre, mais petit à petit ; secouez ce mélange, le camphre sera dissous en quelques minutes : trempez-y une éponge ou un pinceau, et humectez à plusieurs reprises les bois de lits et autres meubles que vous présumez être infectés des punaises ; ces insectes avec leur couvain seront entièrement détruits.

Après avoir employé ce moyen, si quelques punaises reparaissaient, ce serait une preuve qu'on n'aurait pas mouillé soigneusement toutes les fentes et les jointures du bois, les plis des rideaux, les anneaux, les trous des nœuds, c'est dans ces endroits que les nids sont placés ; dans ce cas, il faudrait répéter cette opération, et faire couler de la liqueur dans les trous et les fentes où le pinceau ou l'éponge n'aurait pu toucher : il est prouvé que partout où ce mélange s'étend, les œufs de punaises sont anéantis. Pour mieux faire, il est à-propos de démonter toutes les pièces du lit ; et si l'on ôte avec soin la poussière des rideaux, des fauteuils, chaises, tapisseries et autres meubles, on pourra mouiller partout sans craindre de les tacher. L'odeur que produit ce mélange n'est point nuisible à la santé, elle est agréable et salutaire ; d'ailleurs elle est totalement dissipée au bout de deux ou trois jours.

Nota. Il est nécessaire de bien secouer le vase qui contient ce mélange, chaque fois qu'on veut s'en servir. Il faut faire cette opération de jour, et n'en point approcher de lampe ou de chandelle allumée, parce que ce fluide prend feu très-promptement.

28. Faites dissoudre deux onces d'alun de roche dans une suffisante quantité d'eau tiède, mouillez-en les bois de lits et autres meubles, les punaises et leurs œufs périront.

29. Prenez des feuilles de fèves que vous ferez bien bouillir dans l'eau, mouillez avec cette décoction chaude les bois de lits et autres meubles ; il est certain que les punaises disparaîtront à la deuxième ou troisième fois que vous emploierez ce procédé.

30. Broyez ensemble une demi-livre d'huile de baleine et un morceau de chaux vive gros comme deux noix ; enduisez de ce mastic les trous et les fentes de vos boiseries, répétez deux fois cette opération, laissant six jours d'intervalle entre chaque opération : vous serez débarrassés des punaises et de leur couvain.

31. Deux onces de vert-de-gris distillé dans demi-livre d'esprit de sel ammoniac, insinuées avec un tuyau bien mince dans les fentes et jointures des bois de lits, feront périr ces ennemies de notre repos.

32. Pendant l'automne, ramassez des champignons de mouches, écrasez-les dans un mortier, mettez-les dans un pot, le couvrant avec soin d'un papier, pour que l'air n'y entre pas ; laissez-les jusqu'à ce qu'ils soient liquides ou réduits en colle : vous en frotterez plusieurs fois les bois de lits et les meubles dans les mois de février

et de juin. Laissez à chaque fois les appartemens fermés pendant 24 heures après
l'opération ; et quand vous voudrez y rentrer, vous tiendrez les portes et les fenêtres
ouvertes, jusqu'à ce que l'odeur ait été
dissipée. Les champignons de mouches sont
vénéneux ; il faut prendre garde que les
enfans n'y touchent pas, car ils s'empoi-
sonneraient.

On pourra aussi faire bouillir dans l'eau
ces champignons avec des graines de *saba-
dil*, et en mouiller les murs, les bois de
lits et les meubles que l'on verra infectés.

33. Frottez avec les fleurs de colchique
ou tue-chien, les bois de lits, et bouchez
avec ces fleurs écrasées les fentes et les
trous où les punaises se seraient nichées.

34. Lavez avec soin les bois de lits et les
meubles avec de la saumure, c'est-à-dire
l'eau dans laquelle ont séjourné les harengs
blancs. Cette recette est bonne pour un an ;
au bout de ce temps, on renouvelle l'opération si elle est nécessaire.

35. Placez dans les quatre coins du lit,
des tiges de genêt ; ensuite prenez des con-
combres que vous pelerez sans les presser,
et vous en ferez une salade, en y mettant

sel, huile, poivre et vinaigre. Quand cette salade sera bien trempée, vous en frotterez les jointures et les fentes des lits; et vous recommencerez à trois différentes reprises.

36. Faites couler dans les jointures et dans les fentes des boiseries de l'esprit de camphre ; ensuite suivez avec une bougie allumée tous les endroits mouillés de cette liqueur, elle s'enflammera, les punaises et leur couvain seront rôtis, et vous en serez délivrés pour long-temps. Mais avant de passer la bougie, ôtez tout ce qui pourrait prendre feu, comme le linge et les rideaux.

37. Quand les punaises se sont établies dans les murailles, il est très-difficile de les en faire déguerpir. Pour en venir à bout, commencez par bien boucher tous les trous et les crevasses, ensuite blanchissez les murs avec de la chaux vive dissoute dans de l'eau de vitriol ; cet enduit donne une couleur jaune qui n'est point désagréable à l'œil.

38. Prenez une poignée de hannetons que vous pilerez jusqu'à ce que vous les ayiez réduits en bouillie, ajoutez-y une

égale quantité de poireaux hâchés bien menus, faites cuire le tout dans une livre d'huile de lin, vous obtiendrez une espèce de vernis que vous mettrez sur les meubles et bois de lits infectés.

Nota. En faisant bouillir l'huile de lin, il faut prendre des précautions, et écarter tous les objets combustibles, car cette huile chauffée s'échappe et s'enflamme facilement; et quand le feu y a pris, on ne peut l'éteindre qu'avec du sable, de la cendre, ou du fumier.

39. Mettez dans de l'eau forte même poids de couperose et de fiel de bœuf fraîchement tué, le tout mis en petites parcelles; frottez avec ce mélange tout les endroits infectés de punaises, vous les aurez bientôt toutes détruites.

40. Lavez vos lits et toutes vos boiseries avec une forte lessive de savon bouillante : bouchez ensuite les trous et crevasses avec de la colle forte chaude; par ce moyen, les œufs que la lessive n'aurait pas tués, ne pourront sortir, et les mères-punaises ne pourront plus pondre dans ces trous et crevasses, et vous en diminuerez la quantité, si vous ne détruisez pas tout de la première fois.

41. Vous obtiendrez le même résultat en faisant couler de la graisse de mouton mêlée avec du bon poivre en poudre, dans les trous et jointures de vos bois de lits.

42. Prenez une dragme (la huitième partie d'une once) d'huile d'aspic, et une livre de savon vert ; faites-les fondre ensemble dans trois chopines d'eau chaude, et lavez-en les lits et autres meubles pendant que la mixtion est chaude.

43. Faites bouillir dans un pot bien fermé, une demi-livre de tabac noir, un quarteron de potasse (cendre gravelée), et quatre bouteilles de fort vinaigre ; pressez bien toutes ces drogues, pour en tirer le jus ; mêlez ce jus avec trois onces d'esprit de camphre et trois onces d'eau de savon ; il est comme impossible qu'avec ce mélange, dont vous frotterez à plusieurs reprises vos lits et vos meubles, vous ne détruisiez pas jusqu'à la dernière punaise.

44. On peut encore recommander comme un moyen infaillible, cette espèce de jus qui reste dans la pipe à tabac, quand on a fumé ; l'odeur de ce jus peut déplaire, mais n'incommodera jamais autant que l'odieux insecte que nous voudrions anéan-

tir ; mettez donc ce jus tant que vous pourrez dans les crevasses et jointures de vos bois de lits.

45. Après avoir frotté les bois de lits, les crevasses des boiseries, placards, alcôves, etc., ainsi que les fentes et trous de murs, avec de l'huile de térébenthine, passez-y une bougie allumée , la flamme brûlera toutes les punaises et leurs œufs. Il est inutile de dire qu'il faut éloigner du feu tous les objets qui s'enflamment facilement.

46. Prenez une quantité de térébenthine que vous ferez fondre pour la rendre plus liquide , mêlez-la avec une égale quantité d'huile de térébenthine , et de ce mélange frottez tous les objets où vous soupçonnez des punaises ; vous aurez soin auparavant de les bien nettoyer avec un vieux balai. L'huile de térébenthine étant volatile s'évaporera bientôt; mais la résine du térébinthe en séchant formera une croûte fine que les punaises ne pourront pénétrer.

47. Faites bouillir des feuilles de noyer, ou des écales vertes de noix (c'est ce qu'on appelle vulgairement brou de noix), jusqu'à ce que l'eau soit bien chargée ; imbibez de cette décoction tous les meubles qui pour-

ront la supporter sans danger d'être tachés ; tous les animaux malfaisans qui s'y trouvent périront infailliblement.

48. Il arrive assez souvent que l'on n'aperçoit point de punaises dans les bois de lits, et cependant ces insectes qui se sont cachés pendant le jour dans les trous de murs et sous les plafonds, quittant leurs retraites, viennent vous assaillir et se rassasier de votre sang pendant votre repos. Pour vous délivrer de ces visites nocturnes, éloignez les lits du mur, de manière que les draps, ni les matelas ne le touchent pas. Prenez ensuite quatre planchettes de cinq pouces en carré, et vous les placerez sous les quatre pieds du lit, après les avoir bien arrosées avec les ingrédiens indiqués dans les recettes N.ᵒˢ 23, 32, 39 et 44; par ce moyen vous les empêcherez de grimper dans votre couche.

Nos lecteurs choisiront parmi ce grand nombre de moyens de destruction, ceux qui seront le plus à leur portée ; mais qu'ils ne se flattent pas de réussir sans appeler à leur secours la patience, l'attention minutieuse et la persévérance.

PRÉSERVATIFS

CONTRE

LES TEIGNES OU MITES,

QU'ON APPELLE VULGAIREMENT

ARTHES,

ET MOYENS POUR LES DÉTRUIRE.

———

La teigne (1) est un insecte que l'on range dans la classe des papillons de nuit, autrement phalènes.

Elle se loge dans la pelleterie et dans toutes les étoffes de laine; et quoiqu'elle se nourrisse sur quelques plantes, elle se plaît de préférence dans ces étoffes et dans le poil des animaux, qu'elle ronge et dont elle se sert pour former une espèce de cocon dans lequel elle dépose ses œufs.

———

(1) En latin *tinea*, *blatta*, *cossus*, en grec αδριμ, en allemand *Motte*, en italien *tignola*, en espagnol *polilla*.

Le temps de la canicule est celui de la ponte. Des œufs sortent de petits vers qui se nourrissent dans la pelleterie ou dans la laine, ensuite s'y ensevelissent ; au printemps la chrysalide perce son enveloppe et paraît en papillon.

Tout le monde sait combien la teigne est nuisible à la pelleterie, aux manchons, aux gants, aux bas, aux draps, et généralement à tous les tissus de poils ou de laine ; il ne faut donc rien négliger pour s'en préserver ou pour les détruire, si ces insectes dévorans se sont déjà établis dans les étoffes ou dans les pelleteries.

La propreté est un des moyens les plus efficaces pour empêcher leur reproduction.

On a la coutume dans certaines maisons de battre une fois par an les étoffes de laine et les pelleteries ; c'est fort bien, les teignes ne peuvent supporter aucune commotion. Ce moyen serait peut-être suffisant si on le répétait souvent, et surtout si on l'employait à temps, c'est-à-dire au milieu du mois d'août ou au commencement de septembre, époque où les jeunes teignes éclosent et les vieilles n'existent plus. En tout autre temps on en secouera bien quelques-unes, mais la plus grande partie restera solidement attachée aux étoffes.

Il faudra donc faire battre fortement et vergetter soigneusement les pelleteries et les étoffes de laine au temps indiqué, et répéter plusieurs jours de suite l'opération, ensuite les exposer en plein air; il n'y a pas à craindre que la teigne dépose ses œufs pendant le jour. Après avoir continué pendant un temps suffisant de battre et de secouer tous les objets attaqués par les teignes, on fermera les pelleteries dans des cartons cimentés par-dessous avec de la colle forte mêlée d'un quart d'alun. En dedans on appliquera du papier lissé; en dehors on scellera tous les coins et toutes les jointures avec du papier ou de la toile, employant la colle forte avec l'alun. En prenant exactement ces précautions, on peut être assuré qu'aucune teigne n'attaquera les pelleteries ni les étoffes de laine.

Voici un moyen pour empêcher la génération des teignes : faites préparer une caisse de pinastre (espèce de sapin), enveloppez chaque pièce de pelleterie ou d'étoffe de laine dans un linge nouvellement lessivé; rangez toutes ces pièces dans la caisse bien fermée, et vous la placerez dans une cave tout à la fois sèche et fraîche, sur des poutres ou des planches fortes. Vous aurez soin de retirer ces pièces de mois en mois pour les faire secouer.

Les pelleteries et les étoffes laineuses ne seront jamais attaquées par les teignes, si l'on a la précaution de les frotter avec la laine grasse de mouton fraîchement tué ; pourvu que cette laine grasse soit propre, le frottement n'endommage pas les tapisseries, ni les draps, et ne fait pas changer les couleurs. Une expérience constante a prouvé que les teignes ne s'attachent jamais à la laine grasse du mouton, et qu'elles n'y déposent point leurs œufs.

Les marchands pelletiers garantissent leurs pelleteries les plus précieuses des attaques de leurs ennemies, en les renfermant dans des fourneaux de fer ou de fonte.

Pour se préserver des nids de teignes, prenez de la pierre spéculaire réduite en poudre très-fine, répandez cette poudre sur le poil des pelleteries et sur les draps.

Les pointes de la poudre blessent les teignes et les éloignent. Lorsqu'on veut se servir des pelleteries et des habits, en les faisant battre, l'on fait tomber la poudre.

Mais si les teignes ont pris possession, il faut se hâter de les détruire, et comme elles ne se multiplient pas si promptement ni si abondamment que les punaises, leur destruction présente moins de difficultés.

Un moyen sûr entre plusieurs autres, est de faire rougir des briques au feu, de les arroser de vinaigre fort pendant qu'elles sont chaudes, et de tenir au-dessus les objets qui sont attaqués des teignes ; la fumée du vinaigre tuera les insectes et leurs œufs.

Les teignes comme les punaises ne peuvent souffrir les odeurs fortes, on poura les détruire ou du moins les éloigner par la recette suivante :

Prenez une once camphre pulvérisé ;

Une demi-once huile de bergamote ;

Une demi-once huile de lavande ;

Une once huile de romarin ;

Une livre fleurs de lavande ;

Cinq livres sciure de bois de pin.

On prend des branches de pin, qui est un arbre résineux, et on les hâche en petits copeaux.

Faites des petits sachets de toutes ces drogues mêlées ensemble, et placez-les parmi vos pelleteries et vos vêtemens de laine.

Des morceaux de cuir de Russie frais, mis dans les armoires parmi les habits, les garantissent des atteintes de ces insectes rongeurs.

Au reste, on peut employer avec succès contre les teignes, les moyens indiqués ci-dessus contre les punaises, sous les N.ºs 10, 15, 16, 17, 18, 19, 20, 23 et 27. Ce dernier est le plus sûr, et ne tache pas les habits, ni les tapisseries, ni les pelleteries.

Vous pouvez aussi tremper dans ce mélange des morceaux de vieux papiers ou de laine, et les placer dans les manches ou replis des vêtemens, aussi bien que dans les fourrures, manchons, etc.; et vous êtes assurés que les teignes n'en approcheront pas.

Chez R**EYMANN** et Cie, Libraires, *place Louis-le-Grand*, N.º 20, on s'abonne à la lecture des Livres français, italiens, espagnols, anglais et allemands. Ils tiennent aussi un assortiment en tout genre de Littérature.

On y trouve les Ouvrages suivans.

L**ETTRES** à ma fille, ou Promenades à Lyon, 4 vol. in-18. brochés.

Les Femmes, leur condition et leur influence dans l'ordre social, par le vicomte de *Ségur*, 4 vol. in-18. br. fig. nouvelle édition. 1822.

Œuvres d'Homer, par Bitaubé, 8 vol. in-18. br.

Idem par Mad. Dacier, 6 vol. in-18. br.

Œuvres de Molière, 8 vol. in-18.

Œuvres de Racine, 4 vol. in-18. fig. 1817.

Chefs-d'œuvre de P. et Th. Corneille, 5 vol. in 12.

Œuvres de Crébillon, 3 vol. in-18. jol. édit. 1822.

Contes moraux, par Marmontel, 6 vol. in-18. fig.

Dictionnaire de la langue française, par Philippon de la Madeleine, 2 vol. in-18. troisième édition.

Idem par Catineau, in-12. septième édit., 1821.

Difficultés de la langue française, par Roy, in-12. quatrième édit. 1822.

Manuel épistolaire à l'usage de la jeunesse , par
Philippon de la Madeleine , in-12. huitième
édition. 1822.
Plutarque des jeunes Demoiselles , 2 vol. in-12.
fig. 1822.
Explication des Evangiles , par M. de la Luzerne ,
4 vol. in-12. rel.
Triomphe de l'Evangile , ou Mémoires d'un Phi-
losophe revenu de ses erreurs , 3 vol. in-8.
fig. 1819.
Vies des Saints pour tous les jours de l'année ,
par Godescard , 4 vol. in-12. rel. 1820.
Idem en 1 vol. rel. 1821.
Conduite pour passer saintement le Carême ;
par Avrillon , in-12. rel.
Beaux Traits du jeune âge , par Fréville , in-12.
fig. rel. Paris. 1822.
Buffon de la jeunesse , 4 vol. in-18. fig. 1821 .
Codes (les cinq) du Royaume précédés de la
Charte constitutionnelle , in-12. 1820.
Abrégé du Voyage du jeune Anacharsis en Grèce,
2 vol. in-12. fig. Paris.
Abrégé de l'Histoire du Bas-Empire , 2 vol. in-12.
fig. Paris. 1819.
Dictionnaire universel de la langue française, par
Gattel , 2 vol. in-8. troisième édit. 1819.
Ami des Enfans , par Berquin , 12 vol. in-18.
fig. 1819.
Cours de Rhétorique , par l'abbé Paul , in-12. 1820.
Ecole des jeunes Demoiselles , ou Lettres d'une
mère vertueuse à sa fille , 2 vol. in-12. 1822.

Aventures de Robinson , 2 vol. in-12. ornés de 12 grav. rel. Paris. 1821.

Dictionnaire des synonimes, 2 vol. in-12. rel. 1818.

Etrennes à ma fille , ou Soirées amusantes, par Mad. Dufresnoy, 2 vol. in-1.. rel.

Traité des Etudes, par Rollin, 4 vol. in-12. broch.

Fables de La Fontaine , 2 vol. in-12. belle édit. sur vélin grand raisin , rel. fig. Paris. 1821.

Idem in-8. oblong avec 53 gravures en taille douce. Paris. 1818.

Recueil de Problèmes amusans et instructifs , avec les démonstrations raisonnées, par Gremillit, in-8. nouv. édit. broch. Paris. 1818.

Manuel de l'Ecuyer , ou Nouveau Traité sur les maladies des chevaux, traduit de l'anglais, in 8. broch. fig.

Histoire de Gustave Wassa, roi de Suède , trad. par Propiac, 2 vol. in-8. broch. fig. Paris.

Histoire du Donjon et du Château de Vincenne, 5 vol. in-8. broch. fig. Paris.

Beautés de l'Histoire militaire ancienne et moderne , par de Propiac, in-12. fig. Paris.

Soirées Provençales, ou Lettres de M. L. P. Béranger, 2 vol. in-12. broch. fig. troisième édit. 1819.

Leçons de Géographie, par Gautier, in-18. broch. Paris.

Mémoires du Cardinal de Retz , de Cœur-Joli et de Mad. de Nemours, 6 vol. in-12. broch. Paris. 1817.

Bibliothèque des enfans et des adolescens, imitée de l'allemand de Campe, 4 vol. in-18. fig. 1821.

Voyage de Thunberg au Japon, 4 vol. in-8. br. cartes et fig.

Voyage de Héarn dans la Baye de Hudson, traduit de l'anglais, 2 vol. in-8. fig.

Vies des enfans célèbres, par Fréville, 2 vol. in-12. rel. fig. 1818.

Vie de Marie Lecksinska, reine de France, par Proyart, in-12. fig. Paris.

Leçons de Géographie, par Raymond, in-12. 1821.

Parfait Cuisinier, par Raimbaut, in-12. nouv. édit. fig. Paris.

Manuel du Chasseur et des Gardes-chasse, suivi d'un Traité sur la pêche, par de Mersan, in-18. fig. et musique. Paris. 1822.

Vie de St. François de Sales, par Marsolier, 2 vol. in-12. rel.

Vie de St. François-Xavier, apôtre des Indes, 2 vol. in-12. rel.

Ame élevée à Dieu, 2 vol. in-12. rel. nouv. édit.

Morceaux choisis de Fénélon, in-12. rel. 1821.

Aventures de Télémaque, 2 vol. in-12. 25 grav. nouv. édit. 1822.

Idem en 1 vol. fig. Lyon. 1822.

Encyclopédie des jeunes Demoiselles, in-12. Paris. 1822.

Art de tenir les livres en parties doubles, par Ruelle, in-4. broch.

Histoire du vieux et du nouveau Testament, par Royaumont, in-8. fig. à chaque page. rel.

Vocabulaire de la langue française, par Rolland, in-8. Lyon. 1819.

Caractères de La Bruyère et de Théophraste, 2 vol. in-12. broch. 1819.

Pensées sur l'homme, le monde et les mœurs, par Sanial Dubay, in-8. Paris.

Savant (le) de société, ouvrage dédié à la jeunesse, 2 vol. in-12. 1815.

Chefs-d'œuvre dramatiques de Goldoni, traduit par Amar, italien-français, 3 vol. in-8. broch.

Récréations morales et amusantes à l'usage des jeunes Demoiselles, par Mad. de Choiseuil-Mense, in-12. fig. Paris,

DE L'IMPRIMERIE DE DURAND, SUCCESSEUR DE BALLANCHE,
Hôtel de Malte, rue du Plat, N.º 15.

www.ingramcontent.com/pod-product-compliance
Lightning Source LLC
LaVergne TN
LVHW012016180726
843502LV00005B/1749